"十四五"时期国家重点出版物出版专项规划项目

番茄潜叶蛾
识别与防控

张桂芬　张毅波　李　萍　等 编著

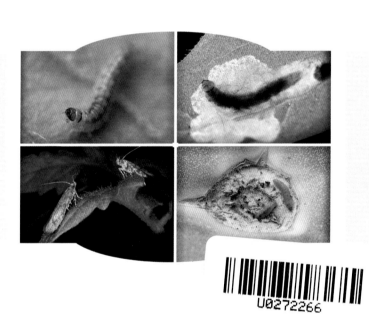

U0272266

中国农业科学技术出版社

图书在版编目（CIP）数据

番茄潜叶蛾识别与防控 / 张桂芬等编著. --北京：中国农业科学技术出版社，2023.11

ISBN 978-7-5116-6518-8

Ⅰ.①番…　Ⅱ.①张…　Ⅲ.①麦蛾科－植物虫害－防治　Ⅳ.①S433.4

中国国家版本馆CIP数据核字（2023）第 216944 号

责任编辑　姚　欢
责任校对　王　彦
责任印制　姜义伟　王思文

出 版 者　中国农业科学技术出版社
　　　　　北京市中关村南大街 12 号　　邮编：100081
电　　话　（010）82106631（编辑室）　　（010）82109702（发行部）
　　　　　（010）82109709（读者服务部）
网　　址　https: // castp.caas.cn
经 销 者　各地新华书店
印 刷 者　北京科信印刷有限公司
开　　本　140 mm×203 mm　1/32
印　　张　2.875
字　　数　100 千字
版　　次　2023 年 11 月第 1 版　　2023 年 11 月第 1 次印刷
定　　价　58.00 元

《番茄潜叶蛾识别与防控》

编著者名单

张桂芬　张毅波　李　萍　刘万才　曾　娟　刘万学

刘　慧　吕志创　冼晓青　黄　聪　马德英　张晓明

桂富荣　王玉生　张　杰　万方浩

编著者名单（按姓氏汉语拼音为序）：

桂富荣　云南农业大学

黄　聪　中国农业科学院植物保护研究所

李　萍　全国农业技术推广服务中心

刘　慧　全国农业技术推广服务中心

刘万才　全国农业技术推广服务中心

刘万学　中国农业科学院植物保护研究所

吕志创　中国农业科学院植物保护研究所

马德英　新疆农业大学

万方浩　中国农业科学院植物保护研究所

王玉生　中国农业科学院植物保护研究所/湖南农业大学

冼晓青　中国农业科学院植物保护研究所

曾　娟　全国农业技术推广服务中心

张桂芬　中国农业科学院植物保护研究所

张　杰　中国农业科学院植物保护研究所

张晓明　云南农业大学

张毅波　中国农业科学院植物保护研究所

前 言

　　番茄潜叶蛾*Tuta absoluta*（Meyrick）（拉丁学名异名*Phthorimaea absoluta* Meyrick）是鳞翅目（Lepidoptera）麦蛾科（Gelechiidae）*Tuta*属（*Tuta*）昆虫，最早记录起源于南美洲秘鲁中部的万卡约市，20世纪80年代前主要在南美洲发生，2006年随从智利进口的鲜食番茄侵入西班牙。番茄潜叶蛾传播扩散速度快，据估计，该虫一年可随寄主植物幼苗和果实扩散800 km。自侵入西班牙以来，番茄潜叶蛾已在五大洲的116个国家和地区发生，近10个国家和地区疑似发生，并正在进一步向世界各番茄种植区域扩散蔓延。番茄潜叶蛾寄主范围广。据统计，该虫寄主植物可达11科50种，包括蔬菜、花卉、水果、粮食作物等，尤其嗜食茄科植物。在中国主要为害茄科作物，具体包括番茄（大果鲜食番茄、樱桃番茄、加工番茄等品种）、马铃薯（各种皮色及薯肉颜色品种）、茄子（圆茄、长茄、矮茄等品种）、人参果（圆形果、长形果等品系）、烟草（各种品种）等。通常情况下，番茄潜叶蛾能够造成番茄减产50%~80%，严重发生时可导致绝产绝收，对番茄产业健康发展构成了巨大威胁。

鉴于番茄潜叶蛾的危害形势严峻，自2013年开始，中国农业科学院植物保护研究所生物入侵团队率先研发了番茄潜叶蛾的分子检测鉴定技术，并在中国高风险区域开展全面监测调查，分别于2017年8月和2018年3月在中国新疆伊犁和云南临沧发现该虫的危害。之后，番茄潜叶蛾在我国迅速蔓延扩散。截至2023年9月，该虫已在中国20余个省（自治区、直辖市）发生，并在局部区域暴发成灾，对中国番茄、马铃薯等产业的健康发展造成严重威胁和危害。

作为中国新发重大农业入侵种，与番茄潜叶蛾相关的研究课题被科学技术部列入"十四五"国家重点研发计划项目（2021YFD1400200，2022YFC2601000），对其入侵机制和高效防控技术开展研究。2022年12月，农业农村部牵头将其列入《重点管理外来入侵物种名录》，纳入国家重点管控对象。2023年11月，农业农村部将番茄潜叶蛾增补纳入《一类农作物病虫害名录》，全面加强管理。基于近年来笔者对番茄潜叶蛾的认识，结合国内外相关研究进展，组织编撰了本书，重点介绍番茄潜叶蛾的形态特征、生活习性、传播扩散途径、监测技术和防控措施，以期为相关科研人员、基层农业技术人员和种植户对其准确识别和采取有效的防控措施提供参考。

本书由中国农业科学院植物保护研究所、全国农业技术推广服务中心等单位联合编写。

　　本书的出版得到国家重点研发计划项目"重大农业入侵生物扩张蔓延机制与高效防控技术研究（2021YFD1400200）"的资助，在此表示感谢！

　　本书以本项目组研究成果为主，综合或引用了国内外最近的番茄潜叶蛾研究结果，出于可读性和科普性的考虑，没有对文后文献进行点对点引用，在此向各位文献作者一并表示感谢，也恳请大家理解。

　　限于作者的学识水平，书中难免存在不当或疏漏之处，恳请批评指正。

张桂芬

2023年11月

目 录

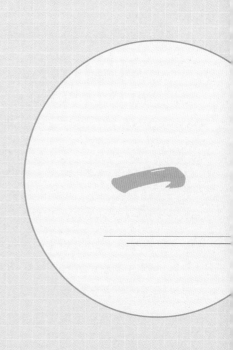

番茄潜叶蛾的识别特征

番茄潜叶蛾原产于南美洲西部的秘鲁，是世界番茄的毁灭性入侵害虫，也是世界公认的"二十强重大植物害虫"，倘若防治不及时或防治措施不得当，常会造成番茄减产80%～100%，被冠以"番茄埃博拉病毒"之称。20世纪80年代之前番茄潜叶蛾主要在南美洲的新热带区发生和为害，2006年随从智利进口的鲜食番茄传入西班牙，之后随寄主植物幼苗和果实贸易活动迅速扩散，目前已在五大洲的116个国家和地区发生（另有近10个国家和地区疑似发生），并正在进一步向世界各番茄主要种植区扩散蔓延。随着全球经济一体化的纵深推进，以及国际贸易活动和人员往来的日趋频繁，中国新发、突发外来生物入侵事件频频出现，给中国农林业生产安全造成了巨大威胁。番茄潜叶蛾于2017年在中国新疆伊犁地区首次被发现，2018年相继在我国云南、贵州等地发生，到2023年9月已扩散至西北、西南、华北等地区的20余个省（自治区、直辖市），并在局部区域造成严重为害。有研究表明，番茄潜叶蛾的适生区与我国番茄和马铃薯的种植区域高度吻合。因此，番茄潜叶蛾的持续扩散和为害严重威胁了我国农业生产，影响了我国菜篮子保供安全、粮食安全、生物安全和生态安全。

番茄潜叶蛾是完全变态发育的昆虫，生活史包括卵、幼虫、蛹和成虫4个阶段。随发生环境的不同，其同一虫态（或幼虫龄期、成虫性别）不同个体的大小和发育历期略有变化。

（一）卵

番茄潜叶蛾的卵为单粒或3～5粒散产，在叶片正面和背面的落卵量最多，其次为叶脉和嫩茎，此外，果萼和幼果上也有少量卵。卵粒呈椭圆形或近圆柱形，具有光泽，长约0.36 mm，宽约0.22 mm。初产时，卵粒呈奶白色，随后逐渐变为淡黄色、橘黄色。卵即将孵化为幼虫时呈橘黄色，卵壳半透明，卵壳内的幼虫虫体以及2个棕红色或棕褐色的眼点清晰可见（图1）。

图1 番茄潜叶蛾卵以及即将孵化为幼虫的卵

1. 产在叶片正面的卵；2. 近叶脉处的卵；

3. 即将孵化为幼虫的卵（示2个眼点）

（二）幼虫

番茄潜叶蛾幼虫阶段可分为4个龄期（图2）。幼虫龄期划分主要依据蜕皮次数，幼虫龄期=蜕皮次数+1，同时头壳宽度也是判断幼虫龄期的重要依据。此外，不同龄期的幼虫在形态特征上也有一定差异。番茄潜叶蛾幼虫典型的识别特点为：前胸背板为棕黄色，其后缘具有2条棕褐色或黑褐色的斑纹（图3）。不同龄期幼虫的体型、体色也有变化。初孵幼虫体呈奶白色或淡黄白色，头部棕黄色或棕褐色，随着幼虫取食和龄期的增加，体色变为淡绿色或背部带有淡粉红色或淡紫粉色不规则的晕斑。幼虫头部背面观为三角形。各龄期幼虫胸足为淡黄白色至淡绿色，半透明，具有不规则的褐色晕斑。腹足亦为半透明。

图2　番茄潜叶蛾1~4龄幼虫的形态特征

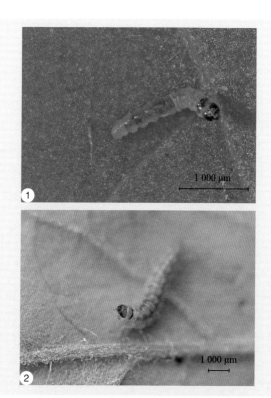

图3　番茄潜叶蛾幼虫的典型识别特征

1. 1龄幼虫；2. 4龄幼虫

（示前胸背板后缘棕褐色斑纹、胸腹部背面淡粉色或淡紫粉色不规则晕斑）

1龄幼虫：头部棕黄色或棕褐色，有光泽，体长0.80 ~ 1.52 mm；头壳棕黄色至棕褐色，宽0.14 ~ 0.16 mm；前胸背板淡棕黄色，其后缘具有2条棕褐色或黑褐色的条形斑纹。初孵幼虫体呈奶白色或淡黄白色，体节明显，腹部各体节背面淡棕灰色，随着取食其体色变为淡绿色。

2龄幼虫：体长0.91～3.33 mm，头壳棕黄色具有光泽，宽0.21～0.27 mm；前胸背板淡棕黄色，其后缘具有2条棕褐色或黑褐色的条形斑纹。2龄幼虫体节明显，虫体为黄绿色、淡绿色或黄褐色。

3龄幼虫：体长2.42～4.89 mm，头壳棕黄色具有光泽，宽0.32～0.41 mm；前胸背板淡棕黄色，其后缘具有2条棕褐色或黑褐色的条形斑纹。3龄幼虫体节明显，虫体为淡绿色、绿色或黄褐色。从3龄幼虫开始，番茄潜叶蛾进入暴食期。

4龄幼虫：体长4.18～7.32 mm，头部棕褐色，头壳宽0.58～1.50 mm，外侧下缘黑褐色；前胸背板淡棕黄色，其后缘具有2条黑褐色的斑纹。4龄幼虫肥胖，体节明显，虫体为淡绿色、绿色或翠绿色，腹部背面常带有淡粉红色或淡紫粉色不规则晕斑，体长最长可达10.0 mm。番茄潜叶蛾的4龄幼虫取食为害最为严重。

（三）蛹

被蛹，呈长纺锤形，腹部末端尖；体长3.8～4.5 mm，最长可达6.0 mm；体宽0.95～1.26 mm。初期为翠绿色，逐渐变为棕黄色、棕褐色，羽化前为黑褐色；复眼棕红色、棕褐色或黑褐色。足芽、翅芽明显，触角芽伸达腹部第6腹节（图4至图6）。番茄潜叶蛾雌蛹和雄蛹的主要区别为，雌蛹的生殖孔位于第7～8腹节，第8腹节腹面前缘向前凹，形成深棕色单"人"字形，第9腹节前缘向前凹；雄蛹的生殖孔位于第8～9腹节，第9腹节腹面前缘向前凹，形成深棕色纵裂缝（图7）。

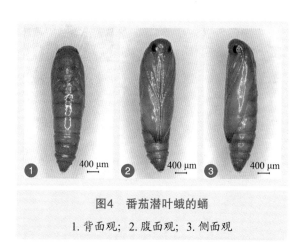

图4 番茄潜叶蛾的蛹

1.背面观; 2.腹面观; 3.侧面观

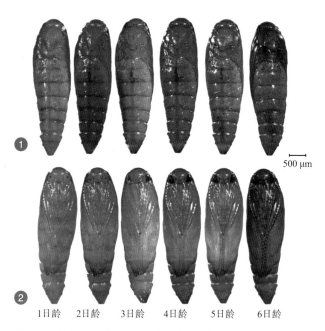

图5 番茄潜叶蛾雌蛹发育过程中（6个日龄）的体色变化

1.背面观; 2.腹面观

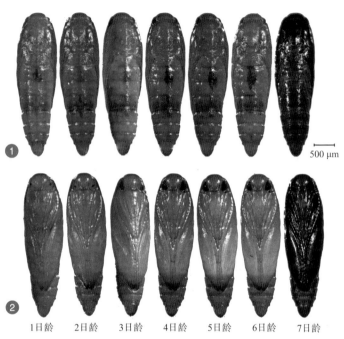

500 μm

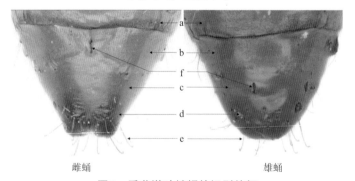

| 1日龄 | 2日龄 | 3日龄 | 4日龄 | 5日龄 | 6日龄 | 7日龄 |

图6　番茄潜叶蛾雄蛹发育过程中（7个日龄）的体色变化

1. 背面观；2. 腹面观

雌蛹　　　　　　　　　　　　　　　　雄蛹

图7　番茄潜叶蛾蛹的识别特征

a. 第6腹节；b. 第7腹节；c. 第8腹节；d. 第9腹节；

e. 臀棘末端钩刺；f. 生殖孔

（四）成虫

　　番茄潜叶蛾成虫体淡灰褐色、灰褐色或棕褐色，鳞片银灰色；触角丝状，细长；前翅狭窄，端部具有长缘毛，翅基部至端部具有褐色、银灰色或棕褐色的近圆形斑纹；足细长（图8）。雌雄成虫形态特征有差异，雄虫体长6.3～7.1 mm，翅展8.7～13.2 mm，雌性个体较雄性个体稍大。雌虫腹部为灰黄色，圆锥形，第1～6腹节腹面中部两侧具有"八"

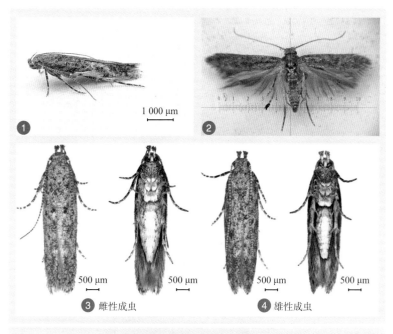

图8　番茄潜叶蛾成虫的识别特征
1. 成虫侧面观；2. 成虫翅展；3. 雌性成虫背面观（左）和腹面观（右）；
4. 雄性成虫背面观（左）和腹面观（右）

字形黑褐色斑纹；雄虫腹部为灰褐色，圆筒形，第1~8腹节
腹面中部两侧具有"八"字形黑褐色斑纹（图8）。下唇须
发达，向上翘弯；喙管淡棕黄色，发达，分节明显。触角、
下唇须、足均具有灰白色和暗褐色相间的横纹（图8和图9）。

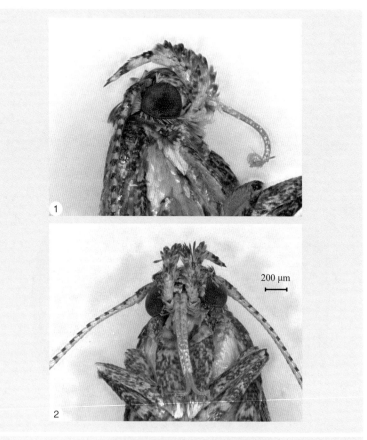

图9　番茄潜叶蛾成虫头部的识别特征

1. 头部侧面观；2. 头部腹面观

番茄潜叶蛾与近缘种和近似种的区别

在马铃薯种植区域，尤其是西南区域，番茄潜叶蛾常与马铃薯块茎蛾（*Phthorimaea operculella*）同时发生；而在番茄种植区域，番茄潜叶蛾常与潜叶蝇类害虫同时发生。番茄潜叶蛾与近缘种和近似种的同时发生，往往导致误识误判，延误防治时机。

（一）与近缘种马铃薯块茎蛾的区别

马铃薯块茎蛾属鳞翅目麦蛾科茄麦蛾属，主要寄主植物为马铃薯、烟草和茄子，其他的寄主还有辣椒和番茄。马铃薯块茎蛾主要分布在中国的云南、四川、贵州、广东、广西、湖北、湖南、江西、河南、陕西、山西、甘肃、安徽、台湾等14个省级区域。以幼虫潜食寄主植物叶肉，严重发生时嫩茎和腋芽亦可受害；在田间和储藏期间尤以马铃薯的块茎受害最为严重，并由此得名。番茄潜叶蛾与近缘种马铃薯块茎蛾的主要形态（包括成虫和幼虫）区别如表1、表2及图10所示。

表1 番茄潜叶蛾与马铃薯块茎蛾成虫的形态区别

部位	番茄潜叶蛾	马铃薯块茎蛾
雄性外生殖器	爪形突较宽；抱器瓣指状，端部多刚毛；背兜基部较宽；颚形突"U"形；基腹弧宽，有宽大的囊形突；阳茎较粗壮，具有突出的盲囊	爪形突较宽；抱器瓣长，端部锤状，毛稀疏，背兜基部较窄；基腹弧窄，囊形突较窄小；阳茎粗壮，盲囊略突出

表2 番茄潜叶蛾与马铃薯块茎蛾幼虫的形态区别

部位	番茄潜叶蛾	马铃薯块茎蛾
虫体	**体色**：绿色、黄绿色，或背部具有淡粉红色或淡紫粉色不规则晕斑 **体长**：老熟幼虫7~8 mm	**体色**：淡粉白色、淡紫粉色、紫绿色、青绿色 **体长**：老熟幼虫11~13 mm
足	**胸足**：淡黄白色至淡绿色，半透明，外侧具有不规则黑褐色晕斑 **腹足**：淡黄白色至淡绿色，半透明	**胸足**：黑褐色，或黑色、棕黑色，不透明；或爪为半透明 **腹足**：淡黄白色，半透明
前胸	**背板**：后缘具有2条黑褐色条形斑纹	**背板**：为2块黑褐色或棕黑色斑块

图10 番茄潜叶蛾与其近缘种马铃薯块茎蛾的区别

雄性成虫外生殖器：1. 番茄潜叶蛾；2. 马铃薯块茎蛾

老熟幼虫侧面观：3. 番茄潜叶蛾；4. 马铃薯块茎蛾

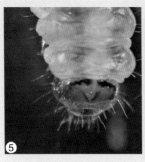
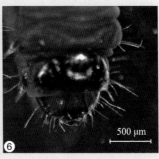

500 μm

⑤ ⑥

图10 番茄潜叶蛾与其近缘种马铃薯块茎蛾的区别（续）

老熟幼虫头胸部背面观：5. 番茄潜叶蛾；6. 马铃薯块茎蛾

（二）与近似种潜叶蝇的区别

潜叶蝇属双翅目Diptera潜蝇科Agtomyzidae，主要为害茄科、豆科、葫芦科、菊科等蔬菜作物和花卉植物。田间常见的潜叶蝇种类主要有美洲斑潜蝇*Liriomyza sativae*、南美斑潜蝇*Liriomyza huidobrensis*、三叶斑潜蝇*Liriomyza trifolii*、番茄斑潜蝇*Liriomyza bryoniae*、豌豆彩潜蝇*Chromatomyia horticola*等，仅潜食寄主植物叶肉，其潜食叶肉的为害特征与番茄潜叶蛾幼龄幼虫潜叶为害的特征非常相似，极易引起混淆。潜叶蝇类害虫幼虫的胸足和腹足及头部均退化，口钩1对，明显，黑色。以幼虫在寄主植物叶片组织内潜食叶肉，形成线状或弯曲盘绕的不规则虫道，造成叶片呈现不规则的白色半透明样条斑，潜道内散布有断续排列的潜叶蝇幼虫排泄的黑色粒状粪便。在番茄田，潜叶蝇类害虫常与番茄潜叶蛾共同发生，甚至在同一片羽状复叶、同一片小叶上同时发生。番茄潜叶蛾与近似种潜叶蝇的主要区别如表3及图11所示。

表3　番茄潜叶蛾与潜叶蝇的主要区别

虫态	番茄潜叶蛾	潜叶蝇
成虫	小型蛾类，体修长；翅2对，触角丝状；体覆银灰色鳞片；体长6～7 mm	小型蝇类，有光泽，体短粗，黑色具黄色斑纹；翅透明，1对；触角具芒状；体长1.6～2.3 mm
幼虫	头部明显，棕褐色、黑褐色；具胸足和腹足；胴部淡黄白色—淡绿色—绿色、背部绿色、黄绿色或淡粉/紫粉红色；老熟幼虫体长7～8 mm	头部退化，口钩1对，黑色，明显；胸足和腹足退化；幼虫初孵无色，渐为橙黄色；老熟幼虫体长约3 mm
蛹	被蛹，长5～6 mm；翠绿色—棕褐色—黑褐色，复眼棕红色、黑褐色；翅芽、足芽、触角芽清晰可见	围蛹，长1.3～2.3 mm；橘黄色—橙黄色—棕黄色—棕褐色；翅芽、足芽、触角芽均不可见

番茄潜叶蛾为害状　　潜叶蝇为害状

图11　番茄潜叶蛾与潜叶蝇类害虫为害状的区别

1.番茄潜叶蛾（左）和潜叶蝇（右）在番茄叶片上的为害状

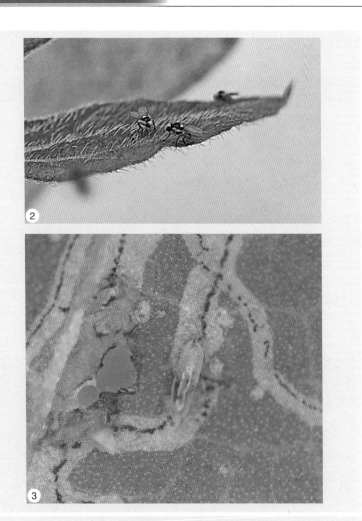

图11　番茄潜叶蛾与潜叶蝇类害虫为害状的区别（续）

2.潜叶蝇成虫；3.潜叶蝇幼虫

三

番茄潜叶蛾的为害特点

（一）寄主植物范围广

番茄潜叶蛾为多食性害虫，幼虫可取食11科50种植物，包括茄科的31种植物〔番茄、细叶番茄、潘那利番茄、契斯曼尼番茄、多腺番茄、多毛番茄、马铃薯、茄子、*Solanum woronowii*、人参果（又名香瓜茄）、烟草、甜椒、辣椒、锦灯笼、水果酸浆（又名灯笼果、菇娘、洋菇娘）、黄花烟（又名小花烟）、宁夏枸杞、颠茄、苦蘵（又名灯笼草）、珊瑚樱、龙葵、美洲黑龙葵、欧白英（又名小颠茄）、喀西茄、藜叶龙葵、银毛龙葵（又名银叶茄）、南美独行菜、拟刺茄、多刺曼陀罗、直果曼陀罗、光烟草〕，藜科的5种植物（菠菜、甜菜、红叶藜、亨利藜、藜），葫芦科的2种植物（西瓜和黄瓜），苋科的2种植物（刺苋和皱果苋），豆科的2种植物（四季豆和紫苜蓿），菊科的2种植物（苦苣菜和苍耳），胡椒科的1种植物（胡椒），十字花科的1种植物〔野芥（又名野油菜）〕，大戟科的1种植物（麻疯树），禾本科的1种植物〔假高粱（又名石茅）〕，旋花科的1种植物（田旋花），以及锦葵属植物。

番茄潜叶蛾入侵中国后主要为害番茄（包括大果鲜食番茄、樱桃番茄或圣女果、加工番茄或酱番茄等品种）、马铃薯（包括各种皮色和薯肉颜色的品种）、茄子（包括圆茄、长茄、矮茄等品种）、人参果（包括圆形果和长形果等品系）、烟草（各种品种）、锦灯笼等茄科栽培作物，以及龙葵、喀西茄等茄科杂草植物。

（二）为害方式隐蔽

番茄潜叶蛾以幼虫潜叶、蛀果等形式为害，为害方式隐蔽，依据寄主植物种类不同，其为害部位和为害程度略有不同。

1.为害番茄的特征

番茄潜叶蛾从番茄出苗至拉秧均可为害，除根部以外，番茄的任何地上部位均可受害（图12）。据统计，番茄潜叶蛾为害可造成50%~80%的番茄果实被蛀食和产量损失，严重地块绝产绝收。

图12　番茄潜叶蛾为害番茄的症状

1.幼龄幼虫潜食叶肉形成的细小潜道；2.各龄期幼虫潜食叶肉形成不规则半透明的潜道或潜斑；3.潜食叶肉造成叶片畸形皱缩；4.潜食叶肉形成大型不规则半透明潜斑

图12 番茄潜叶蛾为害番茄的症状（续）

5.潜食叶肉造成叶片干枯；6.正在转入其他叶片/部位进行潜食为害的幼虫；7.多头幼虫同时潜食为害；8.为害顶芽；9.蛀食顶梢；10.缺苗断垄

图12　番茄潜叶蛾为害番茄的症状（续）

11.钻蛀果实；12.幼苗枯焦；13.温棚番茄严重受害造成一片枯焦；
14.露地番茄严重受害造成一片枯焦；15.露地番茄严重受害造成满地落果

　　番茄潜叶蛾为害番茄的方式主要有以下3种。一是潜食叶肉，影响植物的光合作用。番茄潜叶蛾各龄期幼虫均可潜入寄主植物叶片的组织内取食叶肉，叶片被潜食后常形成半透明的潜道，或窗纸状、形状各异的潜道或潜斑；当虫口密度比较大时常导致叶片皱缩、干枯，仅残留绿色的叶脉，严重影响寄主植物的光合作用，造成大幅减产（图12）。二是蛀食花蕾、果实，直接造成产量损失。番茄潜叶蛾大量发生时其幼虫还可蛀食花蕾，导致花蕾脱落或不开花；还可蛀食果实，导致果实畸形或生长停滞，增加人工分拣成本，或招致次生致病菌寄生造成果实腐烂（图12）。三是蛀食心芽顶芽（生长点）造成毁苗重播，延误农时。番茄潜叶蛾幼虫蛀食幼苗心芽时，常使幼苗生长点缺失，造成毁苗重播；蛀食顶芽、嫩梢、嫩茎时，常造成丛枝或叶片簇生，少花或无花，导致撂荒弃管（图12）。另外，幼虫还喜好在茄科果实与果萼、果实与果实相接处蛀食，造成幼果未熟先落。

2. 为害马铃薯的特征

有研究表明，马铃薯是番茄潜叶蛾除番茄之外的第二种嗜食寄主植物。番茄潜叶蛾在马铃薯的苗期至成株期均可进行为害，主要潜食叶肉，严重为害时仅残留羽状复叶的主叶脉（图13）。此外，大量发生时，幼虫还可蛀食马铃薯块茎。

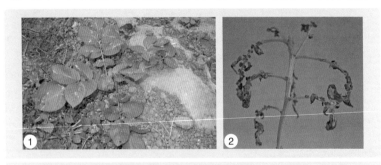

图13　番茄潜叶蛾为害马铃薯的症状

1.为害马铃薯幼苗；2.马铃薯植株严重受害后仅残留叶脉

3. 为害茄子的特征

番茄潜叶蛾在茄子苗期即可为害。潜食为害叶片时，初期造成不规则的潜道或潜斑；为害严重时潜道常会受到叶脉的限制，因此形成的潜斑具有棱角，并很快干枯。番茄潜叶蛾不仅可以为害叶片，还可钻蛀茄子的果实（图14）。

图14　番茄潜叶蛾为害茄子的症状

1. 为害矮茄子幼苗；2. 潜食叶肉形成不规则潜道或潜斑；
3. 严重为害时形成具有棱角的枯斑；4. 为害矮茄子植株

图14　番茄潜叶蛾为害茄子的症状（续）

5.为害茄子植株；6.蛀食茄子果实

4.为害茄科杂草植物的特征

番茄潜叶蛾也为害茄科的杂草植物——龙葵和喀西茄。龙葵在中国广泛分布。番茄潜叶蛾可以为害各个发育阶段的龙葵，既可为害田间地头的龙葵植株，也可为害生长在公路边的龙葵植株（图15）。此外，番茄潜叶蛾还可为害茄科栽培作物（番茄、茄子、辣椒等）的砧木——喀西茄。

图15　番茄潜叶蛾为害杂草龙葵的症状

1.为害公路边的龙葵；2.为害玉米地的龙葵

四

番茄潜叶蛾的生物学习性

（一）成虫习性

番茄潜叶蛾成虫主要在上午羽化，雌虫常较雄虫先行羽化，日出前后羽化的成虫数量最多，求偶交配活动亦主要发生在该时间段内，而产卵活动多在下午或傍晚进行，尤其是日落以后。成虫具有趋光性，对蓝色粘虫板（465±10）nm和350~400 nm的紫外光，尤其是对380 nm紫外光的趋向性显著。番茄潜叶蛾成虫不具有取食补充营养的习性，对糖醋酒液没有趋性，但室内饲养时若提供蜂蜜水可显著增强其繁殖能力。

成虫寿命为6~25天，通常雌虫寿命较雄虫寿命长。成虫羽化后24小时之内即可交配，当首次交配不成功时，可进行第二次甚至多次交配。实验室条件下，一生可交配6~10次。单头雌虫一生可产卵260~350粒，交配当天即可产卵，而且产卵比较集中，雌虫开始产卵的前4天产卵量约占其总产卵量的90%。卵主要产在叶片正面、背面或靠近叶脉处，嫩茎、花萼/果萼、果面的落卵量比较少。苗期可在任一部位产卵，成株期更倾向于在植株的中上部产卵。卵多为单粒散产，或3~5粒聚产。雌虫全天均可产卵，产卵高峰时间主要集中在日落以后至午夜之前。

（二）幼虫习性

初孵幼虫不取食卵壳，孵化后随即潜入叶片组织。幼虫具有转移取食为害的习性，可吐丝下垂随风转移扩散至其他的植株，或飘荡至其他的叶片或器官。幼虫昼夜取食，排泄物黑褐色，位于潜道/潜斑末端或一侧。

　　幼虫老熟以后多入土化蛹，入土化蛹深度约为2 cm，少数老熟幼虫也可以在叶片皱褶处、植株分枝处、茎秆与吊秧绳交接处、果萼、果实表面等部位化蛹。受保护地、露地、覆盖地膜、盆栽、铺设地砖、铺设地布等不同栽培方式/管理模式的影响，老熟幼虫还可以在地膜覆盖土、种植孔周边、花盆托盘底部、花盆盆底、花盆翻边内侧、地砖缝隙、花盆托盘底部地面、地布表面、架竿缝隙等部位化蛹。当老熟幼虫入土化蛹或在地膜覆盖土中化蛹时，常将土壤颗粒和薄丝茧黏合在一起，形成长椭圆形、米粒（籼稻米粒）大小的茧；当老熟幼虫在其他部位化蛹时，常结一薄丝茧并黏缀些许干枯的植物碎屑及细碎土粒，亦有少量老熟幼虫不结茧而直接化蛹（图16）。

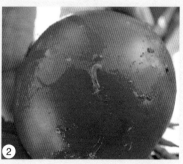

图16　番茄潜叶蛾的化蛹部位

1. 老熟幼虫在叶片皱褶处吐丝结茧化蛹；2. 果实表面化蛹

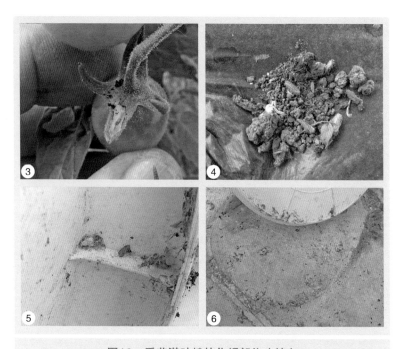

图16 番茄潜叶蛾的化蛹部位（续）

3.果萼处化蛹；4.地膜覆盖土中化蛹；5.花盆翻边内侧化蛹；
6.花盆托盘底部及底部地面化蛹

五

环境因子对番茄潜叶蛾
发生的影响

番茄潜叶蛾的种群发生和为害程度受环境温度、降水、寄主植物、天敌、农药使用情况等多种因素的影响。在田间，番茄潜叶蛾的首选寄主植物是番茄。在没有番茄或番茄种植面积比较小，或者番茄潜叶蛾发生为害比较严重的时候，雌虫也会选择马铃薯、茄子等茄科作物，或杂草（如龙葵等）进行产卵和为害，尤其是当番茄拉秧或番茄受害比较严重的时候。

（一）温度

温度是影响番茄潜叶蛾生长发育、繁殖及分布的最重要的环境因子。番茄潜叶蛾的性别和发育阶段不同其发育起点温度各异。卵、幼虫、蛹、卵到蛹和全世代的发育起点温度分别为5.40℃、4.46℃、9.00℃、6.46℃和5.74℃。在较适宜的恒温（25℃）条件下，番茄潜叶蛾完成一个世代大约需要22天；在较低温度条件（15℃）下，番茄潜叶蛾的卵、幼虫、蛹的发育时间明显延长，完成一个世代大约需要2个月的时间。而在35℃的恒定温度条件下，虽有少量卵可以孵化为幼虫，但所孵化出的幼虫均无法完成发育而全部死亡，对种群增长极为不利。

番茄潜叶蛾成虫繁殖的适宜温度为20~27℃。在该温度范围内，单雌产卵量为127.0~158.1粒，最高可达219.0粒（国外报道，单雌产卵量为260~350粒）。此外，随着温度的升高（>30℃）或降低（<15℃），产卵量大幅度减少，每头雌虫的产卵量不足40.0粒。番茄潜叶蛾对温度的适应范围

非常广，既抗寒又耐热。在0℃条件下，大约50%的幼虫和蛹可存活10天以上。成虫在0℃条件下可存活大约18天，5℃条件下可存活大约27天。温度偏好性测定实验结果表明，多数幼虫偏好选择的温度范围为25～27℃，然而也有2%～5%的低龄幼虫（1～2龄）以及高龄幼虫（3～4龄）倾向于选择35～40℃的高温条件。

（二）降水和风

降水可影响番茄潜叶蛾的种群发生。番茄潜叶蛾的老熟幼虫主要在表土层化蛹，因此蛹期降水和灌溉均不利于其存活。暴雨可加速虫果脱落，导致虫果内的幼虫随雨后流水进行漂移和扩散。风对成虫以及吐丝下垂幼虫的迁移行为具有较大影响，可加大成虫和幼虫的迁移扩散范围或迁移距离。

（三）寄主植物

番茄潜叶蛾各虫态的发育历期、成活率，以及成虫的繁殖能力均与寄主植物的种类有密切关系（表4）。

1. 对幼虫发育历期和存活的影响

在适宜温度（25℃）和湿度（相对湿度65%）条件下，取食番茄的番茄潜叶蛾幼虫的成活率为83.3%，大约9天即可化蛹。取食马铃薯的番茄潜叶蛾幼虫的成活率为80.0%，大约10天即可化蛹。取食茄子的番茄潜叶蛾幼虫大约需要15天方可化蛹，其成活率达53.1%。成虫也可以在辣椒上产卵，但幼虫孵化后不取食，并很快死亡；当为幼虫提供辣椒时，幼虫基本上不取食，无法存活（黄聪等，待发表数据）。

表4 番茄潜叶蛾取食3种茄科作物的生长发育参数
（杨贺森等，待发表数据）

［环境温度（26±1）℃，相对湿度（60±5）%，光周期L：D=16 h：8 h］

生长发育参数	作物种类		
	番茄	马铃薯	茄子
卵期（天）	3.85	4.40	4.26
幼虫期（天）	8.89	9.91	14.74
蛹期（天）	6.56	6.95	8.73
成虫寿命（天）	13.04	12.40	14.21
卵到成虫（成虫前）历期（天）	19.25	21.05	27.36
幼虫存活率（%）	83.33	80.00	53.09
蛹羽化为成虫比率（%）	87.27	90.91	76.74
成虫产卵前期（天）	0.84	1.00	1.15
成虫产卵期（天）	5.20	7.05	5.15
平均单雌产卵量（粒）	180.12	174.50	115.45
卵孵化为幼虫比率（%）	100.00	91.67	98.78
平均世代周期（天）	22.054 0	24.888 0	30.474 0
净增长率R_0	68.227 3	58.166 7	28.158 5
内禀增长率r_m	0.191 5	0.163 3	0.109 5
周限增长率λ	1.211 0	1.177 3	1.115 8

2. 对雌虫寿命的影响

番茄潜叶蛾取食的寄主植物种类不同，其成虫寿命亦有差异。其中，取食番茄的雌虫寿命约为13.0天，取食马铃薯和茄子的雌虫寿命分别为12.4天和14.2天。

3. 对雌虫繁殖力的影响

寄主植物种类对番茄潜叶蛾成虫的繁殖能力具有一定影响。取食番茄的番茄潜叶蛾的雌虫繁殖能力最强，平均单雌产卵量达180.1粒。取食马铃薯和茄子的雌虫繁殖能力亦分别达到了174.5粒/雌虫和115.4粒/雌虫。

4. 对世代历期的影响

寄主植物不同番茄潜叶蛾的世代历期亦有明显差异。在嗜食寄主作物番茄上其世代历期约为22.0天，较在马铃薯和茄子上的世代历期分别缩短了2.8天和8.4天。

（四）天敌

番茄潜叶蛾的种群发生也受到田间天敌资源的影响。目前，世界上已鉴定的与番茄潜叶蛾相关的寄生性和捕食性自然天敌类群有160余种，主要包括捕食性天敌和寄生性天敌。此外，还有细菌、真菌等多种病原微生物。

在欧洲，应用最为广泛的捕食性天敌为捕食蝽类，如短小长颈盲蝽*Macrolophus pygmaeus*和烟盲蝽*Nesidiocoris tenuis*，主要猎食番茄潜叶蛾的卵和/或低龄幼虫。然而，由于上述两种盲蝽也能直接为害植物，限制了其在一些作物（如烟草）上的应用，但其捕食-植食特性在食物（猎物）短缺时展现了更强的环境适应性，应用前景更为广泛。寄生性天敌以卵寄生蜂（如短管赤眼蜂 *Trichogramma pretiosum*、甘蓝夜蛾赤眼蜂 *Trichogramma brassicae* 等）和幼虫寄生蜂（主要为茧蜂科和姬小蜂科的种类，典型代表为潜叶蛾伲姬小蜂 *Necremnus tutae*）为主。其中，赤眼蜂以卵为控害对象，防治窗口期相对较短，尤其当世代重叠现象严重时防治效果不甚理想。而幼虫寄生蜂，对番茄潜叶蛾的 2～3 个幼虫龄期均有控制作用，控害窗口期相对较长，防治效果较为理想，可用于番茄潜叶蛾的生物防治。

在我国，已发现的番茄潜叶蛾捕食性天敌有烟盲蝽、波氏烟盲蝽 *Nesidiocoris poppiusi*、南方小花蝽 *Orius similis*、黑翅小花蝽 *Oirus agilis*、龟纹瓢虫 *Propylea japonica*、六斑月瓢虫 *Menochilus sexmaculata*、七星瓢虫 *Coccinella septempunctata*、异色瓢虫 *Harmonia axyridis*、双带盘瓢虫 *Lemnia biplagiata*、多异瓢虫 *Hippodamia variegata*、中华草蛉 *Chrysoperla sinica*，以及直伸肖蛸 *Tetragnatha extensa*、拟环纹豹蛛 *Pardosa pseudoannulata*、缅甸猫蛛 *Oxyopes birmanicus* 等。寄生性天敌昆虫有芙新姬小蜂 *Neochrysocharis formosa*（包括孤雌产雌品系和两性生殖品系）、赤眼蜂（属）、潜叶蛾伲姬小蜂、麦蛾长绒茧蜂 *Dolichogenidea gelechiidivoris*（原产地引进天敌）等。目前，我国番茄潜叶蛾的生物防治技术研究尚处于起步阶段，还需加大科研投入，加快技术攻关。番茄潜叶蛾常见天敌种类如图17所示。

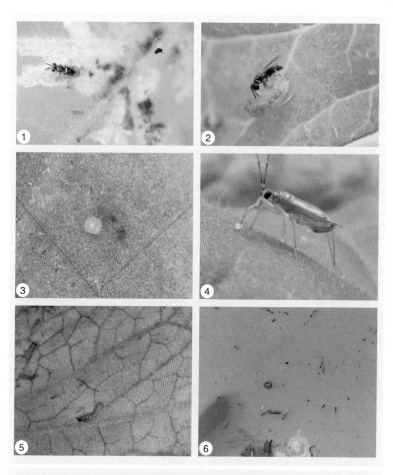

图17　番茄潜叶蛾常见天敌种类

1. 芙新姬小蜂寄生番茄潜叶蛾幼虫；2. 潜叶蛾伲姬小蜂寄生番茄潜叶蛾
   幼虫；3. 赤眼蜂寄生番茄潜叶蛾卵；4. 烟盲蝽捕食番茄潜叶蛾卵；
5，6. 被苏云金芽孢杆菌（Bt-G033A）寄生的各龄期番茄潜叶蛾幼虫

（五）农药

无论是在原产地还是在新入侵地，化学防治是快速杀灭和有效抑制番茄潜叶蛾种群增长的首选手段。然而，在其原产地南美洲和入侵地欧洲，长期过度使用化学农药已经导致番茄潜叶蛾对有机磷类organophosphorus、拟除虫菊酯类pyrethroid、双酰胺类bisamides等7类作用方式不同的至少20种杀虫活性成分产生了不同程度的抗性，其中也包括了新型的双酰胺类和缩氨基脲类semicarbazones杀虫剂。

在2006年番茄潜叶蛾入侵西班牙之前，多种类型杀虫剂已经在南美洲国家广泛用于防治番茄潜叶蛾，导致了该种害虫对这些杀虫剂产生了高水平的抗药性。20世纪90年代，研究人员在智利的番茄潜叶蛾种群中检测到了其对有机磷类和拟除虫菊酯类杀虫剂的高水平抗性。进入21世纪，阿维菌素avermectin和杀螟丹（巴丹）cartap的抗性也很快在巴西的番茄潜叶蛾种群中检测到。2010年之后，茚虫威indoxacarb、多杀菌素（多杀霉素）spinosad和双酰胺类杀虫剂的高抗性水平也在巴西和阿根廷等国家的番茄潜叶蛾种群中被陆续发现。

在番茄潜叶蛾入侵地中海地区的同时，为控制番茄潜叶蛾的为害，伴随而来的是化学农药的广泛使用和由此导致的高抗药性水平。最初，在欧洲地区，由于缺乏专性防治番茄潜叶蛾的杀虫剂，农场主主要依赖拟除虫菊酯等广谱杀虫剂，进而导致了在欧洲地区该种害虫对这些广谱杀虫剂抗性的急剧上升，防治效果越来越差，急需开发新的化学杀虫剂。自2009年以来，欧洲地区针对番茄潜叶蛾的杀虫剂注册登记越来越多，为该害虫的化学防治提供了更多的选择。比如2009—2011年间，西班牙和突尼斯专门引入防控番茄潜叶蛾的活性杀虫剂分子数量分别达到15个和18个，囊括了大约13种不同的作用模式。这些杀虫剂类别包括有机磷类农药（毒死蜱chlorpyrifos、甲胺磷methamidophos）、拟除虫菊酯类（溴氰菊酯decamethrin、高效氯氟氰菊酯lambda-cyhalothrin、联苯菊酯bifenthrin、氯菊酯permethrin）、噁二嗪类oxadiazine（茚虫威）、多杀菌素类（多杀菌素、乙基多杀菌素spinetoram）、阿维菌素类（阿维菌素、甲氨基阿维菌素苯甲酸盐emamectin benzoate）、吡咯类azole（溴虫腈chlorfenapyr）、苄基脲类benzylureas（除虫脲diflubenzuron、虱螨脲lufenuron、氟酰脲novaluron）、双酰胺类（氯虫苯甲酰胺chlorantraniliprole、氟虫双酰胺flubendiamide）、二芳甲酰基肼类diacylhydrazines（苯并虫肼benzimidazide、甲氧虫酰肼methoxyfenozide、虫酰肼tebufenozide）、缩氨基脲类（氰氟虫腙metaflumizone）、印楝素azadirachtin和沙蚕毒素类似物nereistoxin analogues等。此外，一些以苏云金芽孢杆菌*Bacillus thuringiensis*（Bt）和白僵菌Beauveria为基础的生物杀虫剂的商品制剂也被广泛用于防治番茄作物上的番茄潜叶蛾，因为它们通常与番茄潜叶蛾的天敌更为相容和更能协同应用。

番茄潜叶蛾对杀虫剂的解毒代谢作用增强以及杀虫剂靶标位点突变、敏感性降低是番茄潜叶蛾抗药性形成的主要原因。酯解酶和细胞色素P450-依赖性单加氧酶在番茄潜叶蛾对阿维菌素和多杀菌素的解毒代谢中发挥重要作用。细胞色素P450-依赖性单加氧酶在其对巴丹和氯虫苯甲酰胺的解毒代谢中具有重要作用。靶标位点敏感性改变及其频繁出现与番茄潜叶蛾对氯虫苯甲酰胺、多杀菌素以及拟除虫菊酯类的抗药性形成密切相关。有机磷类杀虫剂作用于番茄潜叶蛾的靶标为乙酰胆碱酯酶AChE基因，拟除虫菊酯类药剂的作用靶标为电压门控钠离子通道，对田间不同地理种群番茄潜叶蛾的分子鉴定已证明相关靶标位点的基因发生了中等抗性或高抗性突变。

笔者对番茄潜叶蛾入侵种群的抗药性测定和相关基因的分析结果与英国等对欧洲种群和南美洲种群抗药性的研究结果基本一致。番茄潜叶蛾已经对多种不同作用方式的化学农药产生了抗性，因此，农药种类的选择对其种群动态的演化趋势将产生很大的影响。使用已经产生抗药性的化学药剂，不仅对番茄潜叶蛾的发生和为害没有控制作用，还会杀伤天敌昆虫和中性昆虫（如传粉昆虫）、影响生物多样性、破坏生态平衡，从而导致番茄潜叶蛾种群的再猖獗和暴发成灾。

番茄潜叶蛾的
传播与扩散途径

番茄潜叶蛾主要通过茄科作物的产品或果实、幼苗借助人类活动进行长距离传播与扩散，也可自身或借助自然因素进行短距离扩散（图18）。田间调查和种群遗传学分析表明，番茄潜叶蛾可能分别从西北——新疆和西南——云南侵入中国。

（一）长距离传播

番茄潜叶蛾的长距离传播主要借助农产品的贸易活动，尤其是番茄的跨境跨区域销售和运输，传播载体包括来自疫区/发生区的番茄或茄子的幼苗、番茄果实（尤其带蔓的番茄果实）、集装箱/装货箱和包装盒/填充物（尤其是重复利用的包装盒/填充物）及其运输工具、茄科花卉的苗木等。此外，跨区跨境人员携带、边境边民互市贸易，以及鲜食番茄的异地销售、异地包装、加工番茄（酱番茄）的异地加工、植株残体的异地处置等，均有助于番茄潜叶蛾的远距离传播与扩散。

（二）短距离扩散

番茄潜叶蛾的短距离扩散主要通过两种方式。一是自主扩散。亦即，成虫通过自主飞行扩散到其他的植株或邻近的田块，幼虫通过吐丝、下垂、飘荡，坠落到其他的植株。二是被动携带。亦即，成虫借助风力，幼虫借助水流［如丢弃在水（或雨水）中的植株残体、带虫果实等］进行扩散，或通过农事操作中的整枝打杈、疏花疏果、拉秧后植株残体的随意丢弃或堆放进行扩散。

番茄在我国南方和北方均广泛种植，番茄潜叶蛾在我国一年四季均可发生，或在露地（如春末至初秋）或在保护地（初秋至夏初）。其在我国的快速扩散蔓延，再次证实了该虫可以借助带虫番茄幼苗或果实的销运进行远距离传播。例如，在购自（网购）云南的樱桃番茄（圣女果）果实中发现了番茄潜叶蛾幼虫，虫果率高达5%～15%。

图18　番茄潜叶蛾的传播与扩散途径

长距离传播：1. 异地购买的带虫番茄幼苗；2. 异地购买的带虫番茄植株；3. 异地购买的带虫番茄果实；4. 疫区/发生区加工番茄的异地加工；5. 疫区/发生区植株残体的异地集中处置

图18 番茄潜叶蛾的传播与扩散途径（续）

短距离扩散：6.受害植株残体的随意堆放；

7.被蛀番茄果实的随意丢弃；8.幼虫转叶为害

七

番茄潜叶蛾的监测技术

（一）成虫种群的监测方法

1. 性诱捕器监测

鳞翅目昆虫的雌性成虫性成熟以后，通过释放性信息素吸引雄性成虫，进而完成雌雄虫交配行为。采用人工化学合成的方法获得昆虫性信息素，并结合缓释技术制成性诱芯（亦即人工模拟雌虫）可以吸引和诱杀雄性成虫，减少田间雄性成虫种群数量，降低雌雄虫的交配和繁殖。番茄潜叶蛾性诱剂是人工合成的雌虫性信息素，能特异性地引诱雄虫，可用来监测成虫的发生情况及其种群发生动态。依据番茄潜叶蛾成虫的交配习性，采用三角形（或翅形）黏胶式性信息素诱捕器，将性诱芯悬挂于诱捕器内部中央且距离粘虫板约1 cm处（或直接将性诱芯贴在粘虫板上）（图19）。每天上午检查1次诱蛾情况，同时调查记录诱蛾数量。根据诱集的虫量以及粘虫板的诱粘情况，及时更换粘虫板。番茄潜叶蛾的高质量性诱芯持效期可达60天以上，性诱芯具体更换时间可依据产品说明书执行。

在露地番茄田，设置三角形黏胶式诱捕器3个。在番茄苗期，3个诱捕器呈正三角形布设，彼此间距约50 m，每个诱捕器与田边距离不少于5 m；在成株期，诱捕器放置于田边方便操作的田埂上，与田边相距1 m左右，诱捕器呈直线排列，间距约50 m。诱捕器水平放置，高度为距离地面0.2～0.3 m。

在保护地番茄田，设置三角形黏胶式诱捕器或长方形平板式黏胶诱捕器2个。在番茄苗期，2个诱捕器呈直线布设，入口处田边1个，棚室中后部田边1个，诱捕器与田边距离不少于1 m；在成株期，诱捕器放置于近通道的田埂上，与田边相距1 m左右，诱捕器呈直线排列。诱捕器放置高度为距离地面0.1～0.2 m，或直接放于地面。

依据番茄潜叶蛾成虫的形态特征，以及监测的虫情数据信息，确定成虫的发生情况。单日诱蛾数量出现突然增加至突然减少之间的日期，即为成虫的发生盛期。

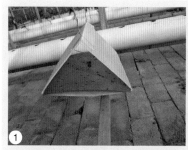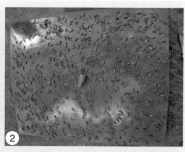

图19 番茄潜叶蛾性信息素诱捕器
1.三角形黏胶式诱捕器；2.长方形平板式黏胶诱捕器

2.灯诱监测及卵巢观察

（1）灯诱监测

利用紫外灯灯光诱捕器可监测番茄潜叶蛾成虫的活动规律和种群动态。紫外灯灯光诱捕器由12 W的LED灯（波长365～390 nm）灯管、防水罩、时间和感光控制器、挡虫板、集虫袋（或集虫水盆，含0.2%洗涤剂）等部件组成（图20）。最好具有雨天不断电、按既定时间自动开关灯等功能，能迅速杀死诱集到的成虫并保持翅的鳞片（尤其是前翅鳞片）完整和翅征易于辨识。在保护地，灯光诱捕器可安装在通道、垄间田埂等相对开阔处；在露地，灯光诱捕器可安装在周边无强光干扰的田间。每天日落时开灯，翌日日出后关灯。在观测期内逐日计数和记录诱集的番茄潜叶蛾的雌虫和雄虫数量，单日诱蛾数量出现突然增加至突然减少之间的日期，即为成虫的发生盛期。

图20　LED紫外灯灯光诱捕器

（2）卵巢观察

根据卵巢的形状、卵的发育状态和卵黄的沉积情况等指标，可划分番茄潜叶蛾雌虫的卵巢发育级别，并根据卵巢发育级别预测产卵动态和幼虫发生期。番茄潜叶蛾卵巢解剖方法如下：①将番茄潜叶蛾雌虫置于滴加有磷酸盐缓冲液的载玻片上，于体视显微镜下用尖嘴镊子将雌虫腹部纵向剖撕开，去除体壁，仅留下腹内组织；②去除消化道、腹神经索、气管、脂肪体等组织，保留生殖系统。番茄潜叶蛾雌虫卵巢发育可分为5个级别，分别为卵黄沉积前期（Ⅰ级）、卵黄沉积期（Ⅱ级）、成熟待产期（Ⅲ级）、产卵盛期（Ⅳ级）、产卵末期（Ⅴ级）（图21）。

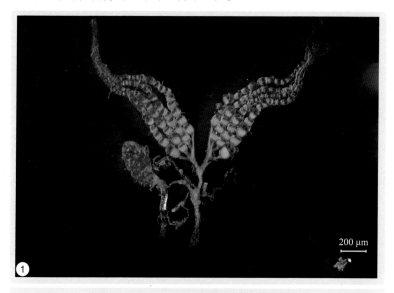

图21　番茄潜叶蛾雌虫卵巢发育级别

1. Ⅰ级卵巢

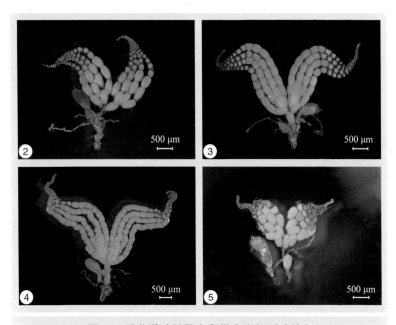

图21 番茄潜叶蛾雌虫卵巢发育级别（续）

2. Ⅱ级卵巢；3. Ⅲ级卵巢；4. Ⅳ级卵巢；5. Ⅴ级卵巢

番茄潜叶蛾雌虫卵巢各发育级别的特征如下。

卵黄沉积前期（Ⅰ级）（初羽化雌虫）。卵巢淡黄色半透明，卵粒不可分辨，卵子偶有卵黄沉积，基本为未成熟的卵子，总的卵子数量比较少。卵巢管细而短，卵巢管及输卵管乳白色，输卵管及中输卵管较细且明显。交配囊干瘪，大部分未交配。卵巢周围的脂肪体为奶黄色，量多且饱满，充满腹腔。

卵黄沉积期（Ⅱ级）（雌虫羽化24小时）。卵粒清晰可见，黄色，卵巢管端部可见未成熟的卵子，靠近总输管处有部分成熟的卵粒，在卵巢管基部多呈葡萄串形，卵巢管膨大，总的卵子数比较少，中输卵管较细，侧输卵管内充满卵子且膨大。交配囊半透明，囊腔干瘪，部分个体交配。脂肪体奶黄色，量多。

成熟待产期（Ⅲ级）（雌虫羽化48小时）。卵子数量迅速增多，排列整齐，卵粒饱满，大部分已经成熟，成熟的卵粒黄绿色，在卵巢管基部排列整齐紧密，密布腹腔内，卵巢管膨胀，卵巢体积明显增大；侧输卵管内充满卵子，中输卵管内亦开始出现成熟卵子。交配囊淡棕黄色，囊腔臌胀，顶部略干瘪。卵巢周边的脂肪体黄色，量比较多。

产卵盛期（Ⅳ级）（雌虫羽化96小时）。卵粒黄绿色，饱满，已有部分成熟卵粒排出，卵子量继续增多，达到卵巢最大抱卵量，卵巢管膨大、变长，卵巢达到饱满状态；成熟卵子充满卵巢端部、侧输卵管以及中输卵管，卵粒黄绿色，排列紧密。交配囊淡棕黄色，囊腔显著臌胀，顶部呈球形。脂肪体明显萎缩，呈黄白色。

产卵末期（Ⅴ级）（雌虫羽化120小时）。卵巢管明显萎缩、变短，卵巢整体体积显著缩小，卵粒颜色变浅（浅黄色），绝大多数卵粒已经排出，卵巢内仅遗留少量成熟卵子。交配囊囊腔显著臌大。卵巢周围几无脂肪体。

（二）卵、幼虫和蛹的调查方法

1. 卵的调查方法

当性诱或灯诱诱集到成虫时，在田间开始进行卵的调查工作，一般每2~3天调查1次。番茄潜叶蛾主要在番茄寄主上产卵，应作为重点调查对象。重点调查寄主植物中上部的叶片，卵散产，或3~5粒聚产，在叶片的正面和背面均可产卵。每块田采用棋盘式或"W"式5点取样，番茄、茄子、马铃薯等作物每点调查10株，相邻2个取样点之间的间隔距离依据田块大小而定。通常，要求取样点距离地边1 m以上，避免边缘效应。调查记载每株植物上的卵粒数，其中在幼苗期（亦即，从第一片真叶显露到大量花蕾显现之间的时期），进行全株调查，记录每株植物上的卵粒数；在开花坐果期和结果期，可以明确区分植株时，进行全株调查，计数和记录每株植物上的卵粒数。植株难以明确区分时，每个样点调查5 m垄长（有支架，使用吊秧绳或架竿栽培，如大果鲜食番茄、樱桃番茄）或1 m^2（无支架栽培，如酱番茄/加工番茄，或自封顶的番茄品种），计数和记录每5 m垄长或每平方米植物上的卵粒数。

2. 幼虫的调查方法

幼虫调查从卵的始盛期开始，每2~3天调查1次，直至幼虫化蛹。田间作物受害株常呈不均匀分布。在保护地，受害植株常发生在通风口处、棚室入口处以及近通道处。在露地，受害植株常发生在上风口或邻近保护地的地方。田间取样方法同卵的调查。在叶片上观察到幼虫为害状以后，再调查顶芽、顶梢、侧枝、花蕾、果萼、果实等作物的重点受害部位，记录每株（或每米垄长、每平方米）虫量及幼虫龄期。

3. 蛹的调查方法

在4龄幼虫发生期后3天开始调查蛹的密度和发育状态。

采用5点取样法，每点调查1 m²作物根际和冠层下的土壤表面，并调查表土层（深度2～3 cm）（尤其未覆膜的番茄种植田），以及植株的叶片皱褶、果萼、吊秧绳和植株茎秆交接处、种植孔周边、地膜覆盖土、架竿缝隙等部位。挖土调查时，可依据蛹的个体大小采用筛分法进行。分别记录每平方米番茄潜叶蛾的雌蛹和雄蛹（及老熟幼虫）数量，并根据蛹的体色记录蛹的日龄。

番茄潜叶蛾的综合防控措施

番茄潜叶蛾的综合防控策略需遵守《中华人民共和国生物安全法》《农作物病虫害防治条例》的规定，贯彻"预防为主、综合防治"的植保方针，坚持"严密监测、及时预警、主动防御、快速灭除"的原则，结合物种扩散蔓延趋势，分区域适时采用农业防治、理化诱控、生物防治和化学防治等防控措施，做到早发现、早预警、早处置，防止大面积暴发成灾，保障菜篮子安全和农产品质量安全，保护生态环境，防范生物安全风险。

（一）分区治理

截至2023年9月，番茄潜叶蛾已在中国新疆、云南、贵州、四川、重庆、甘肃、宁夏、内蒙古、陕西、山西、山东、广西、湖南、江西、河北、北京、天津、辽宁、河南、青海等20余个省（自治区、直辖市）发生，并且已经造成了不同程度的为害。针对其传播扩散方式、发生特点和为害习性等，应该采取分区治理、联合防控以及必要的行政指导方法。

1. 潜在发生区

在邻近番茄潜叶蛾发生前沿的高风险潜在发生区，采用性信息素诱捕监测法，在茄科作物种植区布设性信息素诱捕器，以便及时发现番茄潜叶蛾。监测重点区域为番茄加工厂和蔬菜集散地周边的番茄田，主要公路沿线的番茄田（包括育苗基地），以及果蔬观光采摘园、庭院种植菜地（含大果鲜食番茄和樱桃番茄）等。将三角形黏胶式性诱捕器放置于作物之间接近地面处，每2～3天检查记录1次诱蛾情况，及

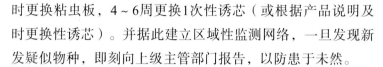

时更换粘虫板，4～6周更换1次性诱芯（或根据产品说明及时更换性诱芯）。并据此建立区域性监测网络，一旦发现新发疑似物种，即刻向上级主管部门报告，以防患于未然。

2. 新发或突发区

鉴于番茄潜叶蛾具有极强的暴发性和成灾性，在其新发或突发的点片发生区域采取应急处置措施，具体包括高密度布设性诱捕器进行诱集诱杀（诱捕器间距10～15 m），高强度喷施化学药剂或生物制剂，以及药后就地熏杀处置等措施。供选用的应急处置药剂有苏云金芽孢杆菌制剂（Bt，如新型Bt-G033A）、甲氨基阿维菌素苯甲酸盐（甲维盐）、甲氧虫酰肼、氯虫苯甲酰胺、溴虫氟苯双酰胺broflanilide等，力争在最短的时间内灭除新发突发入侵点，以阻止其进一步传播扩散。

3. 典型发生区

对于番茄潜叶蛾发生的典型区域，基于其生物生态学习性和发生为害特点，力争形成区域防控一盘棋，采取综合防控措施，具体包括田间种群动态的联合监测（性信息素诱捕法）和监测数据的实时共享，农业防治（如清洁育苗、非寄主作物种植、水旱轮作）、人工清除（如掐虫叶、摘虫果、锄杂草）和物理防除（如安装阻隔纱网、悬挂诱虫灯），生物防治〔如使用性信息素高效诱捕、雌雄虫迷向干扰交配，本地天敌昆虫的筛选与保护利用，以及微生物制剂（如新型Bt-G033A）、植物源药剂（如鱼藤酮）等〕，化学防治（如乙基多杀菌素、甲维盐、甲氧虫酰肼、氯虫苯甲酰胺、阿维·氯苯酰Avi chlorobenzoyl、溴虫氟苯双酰胺等）等。在专家指导和行政指导下，统一部署，落实区域联防联控、群防群控和统防统治的各项措施，实现持续高效控制新发重大农业外来入侵害虫——番茄潜叶蛾的目的。

（二）综合防控

1.化学防治

（1）用药时期

番茄潜叶蛾化学防治的施药时期取决于虫口密度达到防治指标的时间。鉴于番茄潜叶蛾的发生为害特性，自番茄苗定植以后即需要密切关注。针对成虫，使用性信息素诱捕法进行监测，当每个性诱捕器每周捕获量不超过3头雄虫时，为轻度为害；每周捕获量在4~30头雄虫时，为中度为害；每周捕获量达到或超过30头雄虫时，为重度为害。针对幼虫，当番茄被害株率达到5%以上，或百株幼虫数量达到或超过10头时，应进行药剂防治。番茄潜叶蛾世代重叠现象严重，为害持续时间比较长，需要进行多次防治，并严格按照防治指标进行。在未达到防治指标的地块，可对受害植株进行定点施药。

番茄潜叶蛾的防治时期主要包括苗床期和定植生长期，施药方式主要是喷雾防治。用于喷雾的农药剂型有乳油、微乳剂、可湿性粉剂、悬浮剂、可溶液剂、水分散剂等。喷施药液的雾滴直径越小越有利于药液在叶片、茎秆、果实等器官上的沉积和附着，施药才更加均匀有效。喷雾应选择在晴天、微风的傍晚（日落以后）进行，以避免露水稀释药液以及紫外线照射，可使药液液滴更均匀地沉降在作物的表面。施用化学药剂时要避开寄生蜂、蜜蜂/熊蜂、捕食螨、瓢虫、草蛉等有益昆虫的活跃时间，以保护自然天敌和传粉昆虫。

防治关键期为幼虫孵化始盛期，也就是成虫始盛期后3~5天，或初见幼虫潜道时。喷药时间在晴天下午的日落以后或阴天，以提高防治效果。使用化学药剂进行防治时，应选择高效、低毒、环保型农药，轮换用药，精准用药。依据各种农药的持效期每7~15天用药1次，连续用药2~3次。喷药时叶片正面、背面、嫩梢、嫩茎、果萼等部位均需均匀喷施，每种药剂每个生长季最多使用2次。

（2）药剂种类

通过室内生测、田间药效试验以及野外种群抗药性水平监测，筛选出了一些防治效果比较好的农药（表5）。综合分析，目前防治效果比较好的杀虫剂有抗生素类，如甲氨基阿维菌素苯甲酸盐（甲维盐）、乙基多杀菌素（艾绿士）、多杀霉素、阿维菌素；噁二嗪类，如茚虫威；吡咯类，如虫螨腈（溴虫腈）；双酰胺类，如氯虫苯甲酰胺、四氯虫酰胺tetrachlorantraniliprole、溴虫氟苯双酰胺；激素类，如甲氧虫酰肼；植物源生物制剂，如鱼藤酮rotenone等。严格执行《农药合理使用准则》和安全间隔标准，杜绝高毒、高残留、广谱性农药的使用。提倡化学农药和生物农药混用，不同作用机制农药交替轮换使用。

甲维盐是一种新型高效半合成抗生素类杀虫剂，既具有胃毒作用又兼具触杀作用，主要作用于昆虫神经系统的氯离子通道，使氯离子大量进入神经细胞，致使细胞功能丧失、神经传导被扰乱，以及过度兴奋而发生不可逆转的麻痹乃至死亡，具有高效、低毒、低残留、杀虫谱广、持效期长等特点。

乙基多杀菌素是一种大环内酯类杀虫剂，具有胃毒和触杀功能，主要作用于昆虫神经系统的烟碱型乙酰胆碱受体和γ-氨基丁酸受体，促进或抑制神经信号传导，导致神经系统紊乱，具有速效性好、持效期长、杀虫谱广等特点。

茚虫威是一种噁二嗪类杀虫剂，具有触杀和胃毒作用，主要通过阻断昆虫神经细胞内的钠离子通道，使其神经细胞失去功能，导致昆虫运动失调、无法进食、麻痹并最终死亡，具有对非靶标生物安全、低残留等特点。

虫螨腈是一种新型吡咯类杀虫剂，具有胃毒、触杀及一定的选择性内吸活性，主要通过昆虫体内细胞线粒体多功能氧化酶，抑制或阻碍其能量代谢，导致昆虫死亡，具有杀虫谱广、防效高、持效期长等优点，在作物上为中等残留活性。

氯虫苯甲酰胺、四氯虫酰胺、溴虫氟苯双酰胺等为双酰胺类杀虫剂，具有胃毒、触杀并兼具渗透功能，作用于昆虫鱼尼丁受体，使其过度释放细胞内钙库中的钙离子，导致昆虫瘫痪，直至死亡，具有活性高、杀虫谱广、持效性好、安全性能高等特性。

鱼藤酮是一种植物源杀虫剂，具有强烈的触杀和胃毒作用，主要通过抑制昆虫线粒体呼吸链，使害虫出现呼吸困难、惊厥等呼吸系统障碍，以及行动迟缓、麻痹，进而导致其缓慢死亡，具有持效期长、见光易分解、残留极少的特点，但对家蚕有剧毒。

表5 不同杀虫剂对番茄潜叶蛾的田间防治效果筛选
（新疆伊犁、云南玉溪，2019—2020年）

药剂名称	药后防治效果（%）			
	1天	3天	5天	7天
32 000 IU/mg苏云金芽孢杆菌可湿性粉剂（Bt-G033A）	2.7	34.9	98.0	100.0
5%鱼藤酮可溶液剂	2.0	4.5	59.9	94.6
5.7%+28.3%乙多·甲氧虫悬浮剂	87.1	89.9	86.4	81.4
5%甲维盐水分散剂	89.3	92.5	86.8	79.3
60 g/L乙基多杀菌素悬浮剂	86.5	89.9	83.7	76.7
25 g/L高效氯氟氰菊酯乳油	66.8	62.7	77.3	67.5
1%+19%甲维·虫酰肼悬浮剂	51.0	46.4	60.9	50.9

鉴于番茄潜叶蛾一年可以发生10～12代，在南方番茄周年种植，而在北方保护地和露地番茄衔接种植，防治用药8～10次，应轮换使用作用机理不同、作用靶标不同的农药，以延缓番茄潜叶蛾抗药性的形成和发展。

（3）建议和注意事项

番茄潜叶蛾幼虫龄期越大抗药性越强，应在幼虫孵化盛期用药（图22）。药液要现配现用，应根据田间实际发生情况、作物的种植面积以及作物的高度、冠层大小等提前规划好用药量，严格按照商品农药标定的使用剂量，准确配制药液用量。喷雾时要使各个部位/器官均匀着药。施药前后要对喷雾器进行彻底清洗，避免其他药剂尤其是除草剂药液残留的不利影响。施药后1~5天要及时检查田间防治效果，以明确是否需要采用新的防治措施或方法。喷药时需严格做好个人安全防护，喷施高毒农药时必须穿着防护服和佩戴手套及口罩，露地施药时要顺风倒行。施药期间不得进食、饮水和吸烟；喷头堵塞时严禁用嘴吸通或吹通，应采用细铅丝、缝衣针、牙签或自来水等进行疏通。施药结束后要立即脱

图22　化学防治重点喷施番茄植株冠层

摘防护用品/用具，及时进行清洗。施药器械用后要及时清洗，严禁在溪流、井边冲洗，以避免污染水源。包装/盛装农药的包装物，不得另作他用和随意丢弃，应严格按照要求集中存放和妥善处理。

2. 理化诱控和交配干扰

（1）理化诱控

番茄潜叶蛾雌虫和雄虫的田间性比约为1∶1，多数一生只能交配1次，杀死1头雄虫就会使1头雌虫无法得到正常交配，从而无法产出能孵化出幼虫的受精卵。番茄潜叶蛾1头雌虫的产卵量为260～350粒，杀死1头雄虫或1头尚未交配或尚未产卵的雌虫，相当于保护了1亩地或1整栋温棚的番茄作物，尤其是在番茄潜叶蛾的发生初期，而且诱杀成虫还具有保护环境等诸多优点。成虫诱杀方法主要包括性诱和灯诱两种方式（图23）。

性信息素诱捕。昆虫通过由信息素介导的化学通信与周围环境建立联系，包括与同种异性个体、与寄主植物等的联系。化学通信具有特异性强、传递距离远等优点，在昆虫交配、产卵、觅食、报警等方面具有重要作用，而用于传递信息的化学物质即为信息素化合物。番茄潜叶蛾雌虫羽化以后通过释放性信息素吸引雄虫前来交配，利用此性信息素化合物研发的性诱剂，不仅可以诱集诱杀雄性成虫，还可以基于其数量动态预测种群的发生期。由于番茄潜叶蛾的雌虫和雄虫主要在近地面处进行婚飞和求偶，性信息素诱捕器的悬挂高度应在0.2 m以下，否则以性信息素诱捕法进行种群动态监测和种群控制的效果就不甚理想；此外，番茄潜叶蛾主要在黎明时分（日出前后）进行求偶和婚飞（图23）。性信息素诱捕器的使用方法同上文的成虫性诱剂监测。

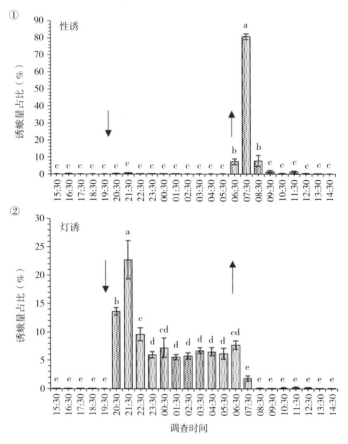

图23　番茄潜叶蛾成虫的趋化（求偶）和趋光活动节律监测（向下箭头：日落；向上箭头：日出）

1.通过性信息素诱捕器监测；2.通过紫外灯灯光诱捕器监测

灯光诱杀。番茄潜叶蛾主要在日落后至前半夜进行产卵，其趋光行为发生在整个夜晚，且对365～390 nm的紫外光有更强的趋向性。由于番茄潜叶蛾的雌雄虫趋光行为主要发生在夜间（日落后至日出前）（图23），主要在近地面处活动，且雌虫尤其是抱卵雌虫的飞行能力较弱，因此将灯诱装置安装在番茄田间的近地面处更为适宜和有效。诱虫灯的使用方法同上文的成虫灯光监测。灯光诱杀不仅诱杀了雄虫还可以诱捕雌虫（依据不同时期的种群发生数量，最高雌虫占比可达65%）以及抱卵雌虫（在诱集到的所有雌蛾中抱卵雌虫占比最高可达84%以上），对减少番茄潜叶蛾产卵量、减轻其对作物的危害、提高绿色防控效果均具有重要意义。

（2）交配干扰

番茄潜叶蛾雌虫羽化以后通过释放性信息素吸引雄虫前来交配，利用人工合成的番茄潜叶蛾性信息素或其类似物、抑制剂，迷惑、干扰或抑制雄虫对雌虫的定向能力及交配活动，可减少田间虫口数量、降低为害程度。在番茄苗定植前开始放置，每亩放置性信息素迷向丝（或迷向管）60根，或智能喷雾释放器每3～5亩1套（图24）。露地至少100亩连片使用，保护地至少50亩连片使用，按照外密内疏原则放置。放置高度距离地面0.1～0.5 m。根据番茄潜叶蛾雌虫和雄虫主要在黎明时分求偶婚飞的习性，设置交配干扰喷雾器开始喷射和结束喷射的时间，可明显降低交配干扰成本。同时，交配干扰技术的使用，可以使农药施用量减少70.3%（杜永均等，待发表数据）。

图24　番茄潜叶蛾的交配干扰防治
1.通过性信息素迷向丝；2.通过性信息素喷雾释放器

（3）生物防治

与基于施用化学药剂的化学防治相比，生物防治具有靶标选择性强、对生态安全、不易产生抗性等诸多优点，但应急控制效果不甚理想，适用于常年发生区使用，或其他地区的低密度或发生早期使用。目前，可用于田间防治番茄潜叶蛾的生防产品主要为苏云金芽孢杆菌。同时，天敌昆虫对番茄潜叶蛾的种群有明显的调控作用，需予以保护和利用。人工繁殖天敌昆虫尤其是捕食性天敌昆虫，因其成本较高且与化学防治难以协调，目前尚无法大范围用于生产实践。鉴于我国没有番茄潜叶蛾的专性寄生性天敌，我国学者引进了番茄潜叶蛾的专性寄生蜂——潜叶蛾伲姬小蜂和麦蛾长绒茧蜂，开展了控害效果的评价研究。此外，还挖掘出了本地潜叶类害虫的优势寄生蜂——芙新姬小蜂和赤眼蜂，对控害潜能进行了室内评价，为在我国利用天敌昆虫开展番茄潜叶蛾生物防治提供了可能。此外，烟盲蝽、中华草蛉、黑翅小花蝽、七星瓢虫、龟纹瓢虫、多异瓢虫以及多种蜘蛛在田间对番茄潜叶蛾均有一定的控制作用（表6），应予以保护和利用。

表6　云南19种本地捕食性天敌对番茄潜叶蛾控制作用的综合评价
（2021—2022年）

序号	捕食性天敌种类	评价指标			综合评价指标
		阳性比率（P）	优势度（D）	频度（F）	
昆虫纲					
1	环斑猛猎蝽 *Sphedanolestes impressicollis*	0.100 0	0.048 6	0.125 0	0.000 6
2	黄缘巧瓢虫 *Oenopia sauzeti*	0.090 9	0.053 5	0.125 0	0.000 6
3	黄纹盗猎蝽 *Peirates atromaculatus*	0.090 9	0.058 4	0.125 0	0.000 7
4	大眼蝉长蝽 *Geocoris pallidipennis*	0.500 0	0.009 9	0.250 0	0.001 2
5	小花蝽 *Orius* sp.	0.075 0	0.194 3	0.500 0	0.007 3
6	七星瓢虫 *Coccinella septempunctata*	0.057 1	0.388 2	0.625 0	0.013 9
7	黑翅小花蝽 *Orius agilis*	0.764 7	0.082 4	0.625 0	0.039 4
8	烟盲蝽 *Nesidiocoris tenuis*	0.438 0	1.000 0	1.000 0	0.438 0

（续表）

序号	捕食性天敌种类	评价指标			综合评价指标
		阳性比率（P）	优势度（D）	频度（F）	
蛛形纲					
9	微蟹蛛 *Lysiteles* sp.	1.000 0	0.004 9	0.125 0	0.000 6
10	华丽肖蛸 *Tetragnatha nitens*	0.142 9	0.063 0	0.125 0	0.001 1
11	斜纹猫蛛 *Oxyopes sertatus*	0.333 3	0.014 4	0.250 0	0.001 2
12	刻纹叶球蛛 *Phylloneta impressa*	1.000 0	0.014 4	0.125 0	0.001 8
13	直伸肖蛸 *Tetragnatha extensa*	0.300 0	0.048 6	0.125 0	0.001 8
14	苔齿螯蛛 *Enoplognatha caricis*	0.500 0	0.038 7	0.125 0	0.002 4
15	角类肥蛛 *Larinioides cornuta*	0.750 0	0.029 2	0.125 0	0.002 7
16	缅甸猫蛛 *Oxyopes birmanicus*	0.150 0	0.097 1	0.250 0	0.003 6
17	草间小黑蛛 *Hylyphantes graminicola*	0.875 0	0.038 7	0.125 0	0.004 2
18	前齿肖蛸 *Tetragnatha praedonia*	0.142 9	0.203 8	0.250 0	0.007 3
19	拟环纹豹蛛 *Pardosa pseudoannulata*	0.181 8	0.165 1	0.375 0	0.011 3

苏云金芽孢杆菌（Bt）为一类普遍存在于土壤中的芽孢杆菌，昆虫取食后其伴孢晶体会在中肠中降解，并释放出对昆虫具有毒性的杀虫晶体蛋白，使昆虫中肠细胞膜形成穿孔，最终因罹患败血症而死亡。田间药效试验表明，苏云金芽孢杆菌制剂（Bt-G033A）对番茄潜叶蛾的田间（保护地）防效约为90%。而且，苏云金芽孢杆菌对低龄幼虫和高龄幼虫的毒力均比较强，但使用苏云金芽孢杆菌防治番茄潜叶蛾时应注意观察田间幼虫发育状态，最好在幼龄幼虫发生始盛期进行施用，并在日落后喷施和均匀喷施；此外，还应该注意苏云金芽孢杆菌不能与杀菌剂混合使用。

潜叶蛾伲姬小蜂属膜翅目姬小蜂科，是番茄潜叶蛾的专性寄生蜂，既可以寄生番茄潜叶蛾幼虫又可以取食和直接致死番茄潜叶蛾幼虫。雌蜂对番茄潜叶蛾幼虫具有4种寄主选择行为，分别为寄生、取食、直接致死和拒绝。潜叶蛾伲姬小蜂对不同龄期的寄主幼虫具有不同的寄主选择行为，倾向于取食1~2龄的寄主幼虫，寄生2~3龄的寄主幼虫和直接致死4龄幼虫（图25）。而且，随着寄主幼虫龄期的增大，各种选择行为的持续时间显著延长。在室内补充营养条件下，潜叶蛾伲姬小蜂对番茄潜叶蛾的总计致死力为每头雌蜂致死210.2头寄主幼虫，繁殖能力为80.0~195.3粒/雌蜂，展现了良好的控害潜力。

芙新姬小蜂亦为膜翅目姬小蜂科的一种寄生性天敌昆虫，原产于东南亚，是强寄主取食型寄生蜂，分布于我国的20余个省（自治区、直辖市），具有孤雌产雌品系和两性生殖品系。芙新姬小蜂对番茄潜叶蛾幼虫具有3种控害行为，

图25 潜叶蛾佫姬小蜂雌虫的4种寄主选择行为

1.休整；2.以产卵器直接蜇刺寄主幼虫；3.取食寄主幼虫体液；

4.产卵寄生

即寄生、取食和直接致死。芙新姬小蜂既可在1～3龄的寄主幼虫体内产卵，也可取食1～3龄幼虫，但对4龄幼虫仅具有叮蜇致死行为。两种品系的芙新姬小蜂更倾向于寄生1龄的番茄潜叶蛾幼虫，且对1龄幼虫的产卵寄生比率、寄主取食比率、叮蜇致死比率，以及总体控害效率均显著高于对2龄、3龄和4龄幼虫。在室内非补充营养条件下，芙新姬小蜂对番茄潜叶蛾的总计致死力为每头雌蜂致死145.5头寄主幼虫，产卵寄生数为30.6～64.2头/雌蜂；加之其对同域发生的潜叶蝇类害虫亦具有良好的控制效果（对美洲斑潜蝇总计致

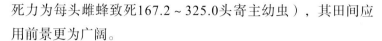

死力为每头雌蜂致死167.2～325.0头寄主幼虫），其田间应用前景更为广阔。

3. 农业防治和物理防治

番茄潜叶蛾的农业防治和物理防治主要包括合理轮作倒茬、选用清洁无虫苗和物理阻隔、清洁田园、低温冻棚或高温闷棚等（图26）。

（1）合理轮作倒茬

番茄潜叶蛾喜欢取食为害番茄（包括大果鲜食番茄、樱桃番茄/圣女果、加工番茄/酱番茄等品种）、马铃薯（各种皮色和薯肉颜色品种）、茄子（圆茄、长茄、矮茄等品种）、人参果（圆形果、长形果等品系）等茄科植物，尤其嗜食番茄，因此与非茄科植物轮作，或与水稻等进行水旱轮作，均可以明显降低番茄潜叶蛾的发生和为害程度。

（2）选用清洁无虫苗和物理阻隔

选用清洁无虫苗，尤其不从番茄潜叶蛾发生区购买番茄苗，是杜绝和从源头控制番茄潜叶蛾的最有效措施。在育苗棚室以及生产棚室的入口处，安装防虫细纱网（40～60目）双层门帘，以及在通风口安装防虫纱网，对阻隔和控制番茄潜叶蛾的发生和为害可以起到事半功倍的作用。

（3）清洁田园

及时清除茄科作物残株残体以及杂草，可以消灭番茄潜叶蛾的桥梁寄主。对整枝打杈、疏花疏果等农事操作中摘除的带虫叶片、带虫果实、嫩梢、枝杈等，要随手盛装，带出田外集中销毁。拉秧落架前，要先进行药剂处理，然后再落架清除残株，并添加EM（有效微生物群）堆肥发酵菌剂就地覆膜堆闷，可以明显减少虫口数量。

（4）低温冻棚或高温闷棚

番茄潜叶蛾在极端温度（包括极端低温和极端高温）条件下生存能力明显下降，在严寒地域或严寒季节，利用自然低温进行冻棚（至少30天），或在高温季节利用高温进行闷棚（至少20天），可明显降低番茄潜叶蛾的虫口基数和种群数量。室内条件下，蛹经过48℃处理2个小时以后，只有22.0%的蛹可以羽化为成虫；经50℃处理，所有的蛹均不能羽化为成虫。当温度下降到-6℃时，经过2个小时处理以后，仅有26.0%的蛹可以羽化为成虫；而在-8℃处理2个小时以后，只有2.0%的蛹可以羽化为成虫。

图26　番茄潜叶蛾的农业防治和物理防治

1.结合整枝打杈掐虫叶、摘虫果

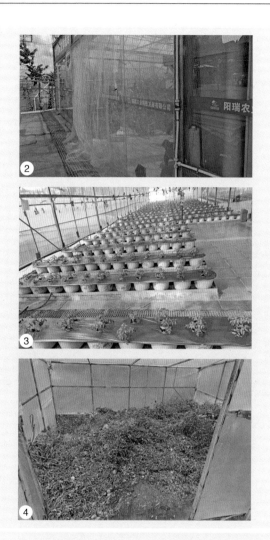

图26 番茄潜叶蛾的农业防治和物理防治（续）

2.入口处安装防虫纱网（40~60目）双层门帘；3.侧通风口安装防虫纱
网（40~60目）；4.虫果虫叶集中堆闷销毁

参考文献

阿米热·牙生江，阿地力·沙塔尔，付开赟，等，2020. 9种杀虫剂对番茄潜叶蛾的防治效果评价. 新疆农业科学，57：2291-2298.

番茄潜叶蛾智能监测系统1.0.2016. 计算机软件著作权. 登记号：2016SR305361，开发完成日期：2016-10-25，著作权人：中国农业科学院植物保护研究所，福建省农业科学院植物保护研究所.

李栋，李晓维，马琳，等，2019. 温度对番茄潜叶蛾生长发育和繁殖的影响. 昆虫学报，62（12）：1417-1426.

李晓维，李栋，郭文超，等，2019. 番茄潜叶蛾对4种茄科植物的适应性研究. 植物检疫，33（3）：1-5.

梁永轩，郭建洋，王浩，等，2022. 番茄潜叶蛾成虫卵巢发育与卵子发生研究. 植物保护，48（6）：153-161.

梁永轩，郭建洋，王绮静，等，2023. 番茄潜叶蛾生物防治研究进展. 热带生物学报，14（1）：88-104.

梁永轩，王绮静，郭建洋，等，2023. 番茄潜叶蛾性信息素的研究和应用进展. 昆虫学报，66（6）：849-858.

罗明磊，田小草，刘万学，等，2022. 重大入侵害虫番茄潜叶蛾在4个烟草品种上的适合度评估. 植物保护，48（6）：162-168.

吕志创，王晓迪，冀顺霞，等，2021. 南美番茄潜叶蛾保幼激素信号通路转录因子Kr-h1基因及其应用. 国家发明专利. 申请日：2021-02-08，专利号：ZL202110170633.7，授权公告日：2022-05-31，授权公告号：CN113150099B，证书号：第5197128号，专利权人：中国农业科学院植物保护研究所.

王文倩，常吕恕，杨金睿，等，2022. 番茄潜叶蛾与马铃薯块茎蛾形态特征及为害症状的比较. 植物保护，48（4）：245-251.

冼晓青，张桂芬，刘万学，等，2019. 世界性害虫番茄潜麦蛾入侵我国的风险分析. 植物保护学报, 46 (1): 49-55.

尹艳琼, 郑丽萍, 李峰奇, 等, 2021. 云南弥渡县番茄潜叶蛾的发生情况及田间防治效果. 环境昆虫学报, 43 (3): 559-566.

张桂芬, 毕思言, 张毅波, 等, 2020. 南美番茄潜叶蛾SCAR引物及其应用. 国家发明专利. 申请日: 2020-09-25, 专利号: ZL202011019496.9, 授权公告日: 2021-12-24, 证书号: 第4867704号, 专利权人: 中国农业科学院植物保护研究所.

张桂芬, 刘万学, 郭建洋, 等, 2014. 一对番茄潜叶蛾特异性SS-COI引物及快速PCR检测方法和试剂盒. 国家发明专利. 申请日: 2013-02-25, 专利号: ZL201310058012.5, 授权公告日: 2014-06-11, 证书号: 第1417015号, 专利权人: 中国农业科学院植物保护研究所.

张桂芬, 刘万学, 郭建洋, 等, 2013. 重大潜在入侵害虫番茄潜叶蛾的SS-COI快速检测技术. 生物安全学报, 22 (2): 80-85.

张桂芬, 刘万学, 胡卿, 等, 2018. 双面等效开放式平板诱粘器. 实用新型专利. 申请日: 2018-11-19, 专利号: ZL201821898730.8, 授权公告日: 2019-08-27, 授权公告号: CN 209300044 U, 证书号: 第9287492号, 专利权人: 中国农业科学院植物保护研究所.

张桂芬, 刘万学, 潘红伟, 等, 2018. 悬挂高度可调的平面式诱粘器. 实用新型专利. 申请日: 2018-08-12, 专利号: ZL201821291714.2, 授权公告日: 2019-05-28, 授权公告号: CN 208905364 U, 证书号: 第88911729号, 专利权人: 中国农业科学院植物保护研究所.

张桂芬, 刘万学, 万方浩, 等, 2018. 世界毁灭性检疫害虫番茄潜叶蛾的生物生态学及危害与控制. 生物安全学报, 27 (3): 155-163.

张桂芬, 马德英, 刘万学, 等, 2019. 中国新发现外来入侵害虫: 南美番茄潜叶蛾 (鳞翅目: 麦蛾科). 生物安全学报, 28 (3): 200-203.

张桂芬，万坤，潘梦妮，等，2024. 番茄潜叶蛾种群定殖与种群重建及延续能力研究. 中国农业科学，57（2）：1月16日刊出.

张桂芬，冼晓青，张毅波，等，2020. 警惕南美番茄潜叶蛾 *Tuta absoluta*（Meyrick）在中国扩散. 植物保护，46（2）：281-286.

张桂芬，殷惠军，王玉生，等，2022. 番茄潜叶蛾幼虫的龄数和龄期测定. 中国生物防治学报，39（2）：56-61.

张桂芬，张毅波，李萍，等，2022. 番茄潜叶蛾灯光诱捕器. 实用新型专利，申请日：2022-10-27，专利号：ZL202222835777.2，授权公告日：2023-03-24，授权公告号：CN 218681420 U，证书号：第18672703号，专利权人：中国农业科学院植物保护研究所，全国农业技术推广服务中心.

张桂芬，张毅波，刘万学，等，2020. 4种性信息素产品对新发南美番茄潜叶蛾引诱效果研究. 植物保护，46（5）：303-308.

张桂芬，张毅波，刘万学，等，2019. 单头饲养南美番茄潜叶蛾的方法. 国家发明专利. 申请日：2019-09-05，专利号：ZL201910834842.X，证书号：第4439441号，授权日：2021-05-25，专利权人：中国农业科学院植物保护研究所.

张桂芬，张毅波，刘万学，等，2021. 诱捕器颜色和悬挂高度对番茄潜叶蛾诱捕效果的影响. 中国农业科学，54（11）：2343-2354.

张桂芬，张毅波，刘万学，等，2022. 设施番茄4种栽培方式下番茄潜叶蛾对化蛹场所的选择性研究. 植物保护，48（6）：141-152.

张桂芬，张毅波，刘万学，等. 南美番茄潜叶蛾专用粘虫板. 实用新型专利. 申请日：2019-03-13，专利号：ZL 2019 2 0312103.X，授权公告日：2019-12-10，授权公告号：CN 209749560 U，证书号：第9739242号，专利权人：中国农业科学院植物保护研究所.

张桂芬，张毅波，冼晓青，等，2022.新发重大农业入侵害虫番茄潜叶蛾的发生为害与防控对策.植物保护，28（4）：51-58.

张桂芬，张毅波，张杰，等，2020.苏云金芽孢杆菌G033A对新发南美番茄潜叶蛾的室内毒力及田间防效.中国生物防治学报，36（2）：175-183.

张桂芬，张毅波，赵静娜，等，2022.重大果蔬害虫番茄潜叶蛾对蓝紫光的趋向性研究.应用昆虫学报，59（6）：1394-1403.

张桂芬，朱华康，黄亮，等，2023.云南番茄潜叶蛾捕食性天敌资源调查及其控害作用分子检测.中国生物防治学报：1-13[2023-11-09].https://doi.org/10.16409/j.cnki.2095-039x.2023.11.004.

张杰，张桂芬，束长龙，等，2019.苏云金芽孢杆菌G033A在防治南美番茄潜叶蛾中的应用.国家发明专利.申请日：2019-10-14，专利号：ZL201910970856.4，授权公告日：2021-07-16，证书号：第4554634号，专利权人：中国农业科学院植物保护研究所.

张毅波，罗明磊，张桂芬，等，2022.一种寄生蜂的室内扩繁装置.实用新型专利.申请日：2022-12-01，专利号：ZL202223209924.1，授权公告日：2023-06-09，授权公告号：CN 219146493 U，证书号：第19131989号，专利权人：中国农业科学院植物保护研究所.

Biondi A，Guedes N R C，Wan F H，et al.，2018. Ecology，worldwide spread，and management of the invasive south American tomato pinworm，*Tuta absoluta*：Past，present，and future. Annual Review of Entomology，63：239-258.

CABI. 2020. Invasive species compendium *Phthorimaea absoluta*（tomato leafminer）datasheet.（2023-07-31）[2023-10-30]. https://www.cabidigitallibrary. org/doi/10. 1079/cabicompendium. 49260.

Campos M R，Biondi A，Adiga A，et al.，2017. From the Western

Palaearctic region to beyond: *Tuta absoluta* ten years after invading Europe. Journal of Pest Science, 90: 787-96.

Desneux N, Han P, Mansour R, et al., 2022. Integrated pest management of *Tuta absoluta*: practical implementations across different world regions. Journal of Pest Science, 95: 17-39.

Desneux N, Wajnberg E, Wyckhuys K A G, et al., 2010. Biological invasion of European tomato crops by *Tuta absoluta*: ecology, geographic expansion and prospects for biological control. Journal of Pest Science, 83: 197-215.

Gonthier J, Zhang Y B, Zhang G F, et al., 2022. Odor learning improves efficacy of egg parasitoids as biocontrol agents against *Tuta absoluta*. Journal of Pest Sciences, https://doi. org/10. 1007/s10340-022-01484-6.

Guedes R N C, Roditakis E, Campos M R, et al., 2019. Insecticide resistance in the tomato pinworm *Tuta absoluta*: pattern, spread, mechanisms, management and outlook. Journal of Pest Science, 92: 1329-1342.

Ji S X, Bi S Y, Wang X D, et al., 2022. First report on CRISPR/Cas9-based genome editing in the destructive invasive pest *Tuta absoluta* (Meyrick) (Lepidoptera: Gelechiidae). Frontiers in Genetics, 13: 865622.

Ji S X, Wu Q W, Bi S Y, et al., 2022. Chromatin-remodelling ATPases ISWI and BRM are essential for reproduction in the destructive pest *Tuta absoluta*. International Journal of Molecular Sciences, 23: 3267.

Tian X C, Xian X Q, Zhang G F, et al., 2021. Complete mitochondrial genome of a predominant parasitoid, *Necremnus tutae* (Hymenoptera:

Eulophidae）of the South American tomato leafminer *Tuta absoluta*（Lepidoptera：Gelechiidae）. Mitochondrial DNA Part B Resources，6（2）：562−563.

Wang H，Xian X Q，Gu Y J，et al.，2022. Similar bacterial communities among different populations of a newly emerging invasive species，*Tuta absoluta*. Insect，13（3）：252.

Wang X D，Lin Z K，Ji S X，et al.，2021. Molecular characterization of TRPA subfamily genes and function in temperature preference in *Tuta absoluta*（Meyrick）（Lepidoptera：Gelechiidae）. International Journal of Molecular Sciences，22：7157.

Wang Y S，Tian X C，Wang H，et al.，2023. Genetic diversity and genetic differentiation pattern of *Tuta absoluta* across China. Entomologia Generalis，doi：10. 1127/entomologia/2023/2026.

Yang A P，Wang Y S，Huang C，et al.，2021. Screening potential reference genes in *Tuta absoluta* with real-time quantitative PCR analysis under different experimental conditions. Genes，12：1253.

Yang W J，Yan X，Han P，et al.，2023. Ovarian development and role of vitellogenin gene in reproduction of the tomato leaf miner *Tuta absoluta*. Entomologia Generalis，doi：10. 1127/entomologia/2023/2024.

Zhang G F，Ma D Y，Wang Y S，et al.，2020. First report of the South American tomato leafminer，*Tuta absoluta*（Meyrick），in China. Journal of Integrative Agriculture，19（7）：1912−1917.

Zhang G F，Xian X Q，Zhang Y B，et al.，2021. Outbreak of the South American tomato leafminer，*Tuta absoluta*，in the Chinese mainland：geographic and potential host range expansion. Pest Management

Science, 77: 5475-5488.

Zhang G F, Zhang Y B, Zhao L, et al., 2023. Determination of hourly distribution of *Tuta absoluta* (Meyrick) (Lepidoptera: Gelechiidae) using sex pheromone and ultraviolet light traps in protected tomato crops. Horticulturae, 9: 402.

Zhang Y B, Tian X C, Wang H et al., 2021. Host selection behavior of a host-feeding parasitoid *Necremnus tutae* on *Tuta absoluta*. Entomologia Generalis, 42 (3): 445-456.

Zhang Y B, Tian X C, Wang H, et al., 2022. Nonreproductive effects are more important than reproductive effects in a host feeding parasitoid. Scientific Report, 12: 11475.

Zhang Y B, Yang W J, Zhang G F, 2019. Complete mitochondrial genome of the tomato leafminer *Tuta absoluta* (Lepidoptera: Gelechiidae). Mitochondrial DNA Part B Resources, 4 (1): 1768-1769.